ÍNDICE

- **TEMA 1:** COMPONENTES DEL ECOSISTEMA — 3
- **TEMA 2:** CLASIFICACIÓN GENERAL DE LAS ROCAS — 17
- **TEMA 3:** CONTAMINACIÓN AMBIENTAL — 31
- **TEMA 4:** PRINCIPALES RESIDUOS — 45
- **TEMA 5:** EL ESTRECHO DE GIBRALTAR — 59
- **TEMA 6:** CETÁCEOS DEL ESTRECHO DE GIBRALTAR — 69
- **TEMA 7:** AVES MIGRATORIAS — 93

COMPONENTES DEL ECOSISTEMA

TEMA 1

EL ECOSISTEMA

Un ecosistema está formado por el **biotopo**, la **biocenosis** y las **relaciones** que se establecen entre ambos.

DEFINICIÓN

El conjunto de seres vivos que habitan un lugar, las relaciones entre ellos y su interacción con el medio que les rodea.

LA BIOCENOSIS

La biocenosis o comunidad es el conjunto de seres vivos que comparten un mismo biotopo.

Los organismos de una misma especie que habitan en un mismo biotopo forman una **población**.

El conjunto de seres vivos y las relaciones que se establecen entre ellos se conoce como los **factores bióticos** del ecosistema

EL BIOTOPO

Es la parte física en la que viven los seres vivos (aire, agua, rocas o suelo) así como sus condiciones ambientales, como la luz o la salinidad.
A estos componentes sin vida se los conoce como **factores abióticos** del ecosistema.

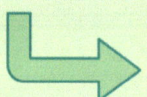

RELACIONES

En los ecosistemas, los seres vivos **interactúan entre sí y con el biotopo**. El biotopo influye y determina las características de los seres vivos que lo habitan. Cada ecosistema tiene seres vivos con adaptaciones específicas para sobrevivir en su entorno.

TIPOS DE ECOSISTEMAS

Dependiendo de los factores abióticos hay dos tipos de ecosistemas: **terrestres y acuáticos.**

TERRESTRES

Son aquellos en los que predomina la vida en tierra firme y están influidos por la luz solar y la atmósfera.

Se agrupan en tres zonas:

- **Zonas templadas**
- **Zonas polares**
- **Zonas cálidas**

Los factores abióticos que más influyen son la **temperatura** y las **precipitaciones**

Ceuta tiene un **clima mediterráneo**, característico de las zonas templadas. Hay dos estaciones bien diferenciadas, una fresca y húmeda, que se extiende desde noviembre hasta abril, y otra seca y cálida, que va desde mayo hasta septiembre.

ACUÁTICOS

Son aquellos en los que predomina el agua (océanos, mares, ríos, lagos). Son mucho más extensos que los terrestres pero tienen menor diversidad.

Hay dos grupos según la salinidad:

- **Ecosistemas marinos**
- **Ecosistemas de agua dulce**

Los factores abióticos que más influyen son la **salinidad** y las **presión.** También destacan la **cantidad de luz, nutrientes** y **oxígeno disuelto en H2O.**

ECOSISTEMAS TERRESTRES

Zonas templadas

Bosque caducifolio: Latitudes altas, precipitaciones todo el año. Inviernos fríos y veranos templados.

Bosque mediterráneo: Latitudes bajas, veranos secos e inviernos suaves. Precipitaciones irregulares.

Estepa: Precipitaciones escasas e irregulares, veranos secos e inviernos fríos y largos.

Zonas polares

Desiertos polares: Temperatura media por debajo de 0ºC. Escasas precipitaciones y el suelo esstá helado todo el año.

Tundra: En invierno el suelo está helado y en verano se deshiela apareciendo plantas herbáceas.

Taiga: Condiciones cambiantes durante el año. Inviernos fríos con muchas lluvias y nieve. Forman extensos bosques de pinos y abetos

Zonas cálidas

Desiertos cálido

Sabana

Selva tropical

Bosque ecuatorial

INVESTIGA E INFÓRMATE SOBRE LOS CLIMAS DE LAS ZONAS CÁLIDAS

ECOSISTEMAS ACUÁTICOS

Característica	Ecosistemas Marinos	Ecosistemas de Agua Dulce
Ubicación	Océanos, mares, arrecifes de coral	Ríos, lagos, estanques, arroyos
Agua	Salada	Dulce
Salinidad	Alta	Baja
Tipos de organismos	Plancton, necton y bentos	
Temperatura	Variable según la ubicación y la profundidad	
Movimiento del Agua	Mareas y corrientes	Corrientes, flujo constante en ríos y arroyos
Oxígeno en el Agua	Menos oxígeno en zonas profundas	Más oxígeno cerca de la superficie y en movimiento
Luz Solar	Penetra solo en las capas superiores	Penetra más fácilmente, alcanzando el fondo en muchos lugares
Importancia para los Humanos	Fuente de alimentos	Fuente de agua potable

RELACIONES ENTRE EL BIOTOPO Y LA BIOCENOSIS

El biotopo va a determinar las principales características que deben tener los seres vivos que formen y habiten en un determinado ecosistema.

ADAPTACIONES

Los seres vivos tienen diferencias que les ayudan a sobrevivir mejor en su entorno. Los que mejor se adaptan al biotopo tendrán más posibilidades de tener más descendientes, los cuales heredarán sus genes con esas determinadas características que les han otorgado una ventaja competitiva con el resto. Este proceso de adaptación se conoce como: **SELECCIÓN NATURAL**

CHARLES DARWIN

Adaptaciones a ecosistemas terrestres

En zonas secas algunos animales presentan caparazones, cubiertas impermeables o escamas que disminuyen la pérdida de agua. Son adaptaciones para la humedad y la temperatura.

Por ejemplo las escamas de los reptiles.

Adaptaciones a ecosistemas acuáticos

La forma hidrodinámica y las aletas permiten a los peces desplazarse de manera óptima por el agua. Es una adaptación de movimiento.
Ejemplos: Atún rojo, la caballa el delfín.

TIPOS DE RELACIONES

Las relaciones **intraespecíficas** se producen entre individuos de la misma especie (asociaciones o competencia).

Las relaciones **interespecíficas** se producen entre individuos de especies diferentes (competencia, depredación, parasitismo, comensalismo, mutualismo).

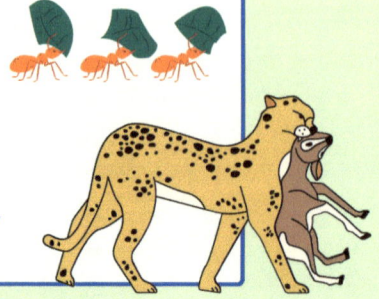

 CEUTA

LA SIRENA

El edificio de «La Sirena» está situado en el Monte Hacho, sobre los acantilados de Punta Almina y bajo el faro de Ceuta.

Era conocida popularmente como «La Vaca» por el fuerte sonido ronco que emitía, para avisar a los navegantes de la peligrosa proximidad de los arrecifes, en los días de niebla en los que la luz del faro era incapaz de servir de guía a los marineros.

La historia de la Sirena de Punta Almina comienza en 1913 cuando se construye para servir de aviso a las embarcaciones que se acercaban a la costa ceutí los días de intensa niebla.

Con el tiempo la infraestructura tuvo diferentes usos incluso llegó a albergar un museo del mar. En 1980 el edificio fue abandonado una vez que se instaló en el cercano faro un moderno sistema de sonido.

Imagen: Ceutaldia.com

Imagen: Elfarodeceuta.es

Leyenda de la sirena de Punta Almina

CEUTA

La zona de rocas que en Ceuta conocemos como "La Sirena", es probable que deba su nombre a la colonia de focas que allí vivieron hasta el inicio del siglo XX, o a la historia de una bella sirena que vivió en ese mismo lugar. Hace muchos, muchos años, cuando Ceuta era un presidio donde los reclusos menos peligrosos andaban libres por la Almina y estaban obligados a pernoctar, en la fortaleza del Hacho, sucedió esta historia que os voy a contar: Uno de aquellos presos llamado Néstor, cumplió condena y ante la falta de medios económicos, porque era muy pobre, no pudo embarcar para ir a la Península y tuvo que quedarse aquí. Su condición de antiguo presidario, le cerraba todas las puertas cuando solicitaba algún trabajo. Dado su estado de pobreza, no tuvo otro remedio que sobrevivir, mariscando mejillones, lapas y percebes que por entonces, eran muy abundantes en las piedras que hay más allá de San Amaro, para posteriormente venderlo en la ciudad. Otro lugar que frecuentaba para abastecerse del rico marisco, era los arrecifes de la Puntilla, pero era entre el Odión y Punta Almina donde se daban los

más grandes y sabrosos de toda esta costa. Es por eso, que no era raro verlo frecuentar ese lugar en busca del tan necesitado sustento. Cierto día, estando en aquellas piedras mariscando y lamentándose en voz alta de sus desdichas y penurias, vio removerse bruscamente el agua y de ella surgió la figura de una bellísima sirena. Néstor quedó maravillado ante singular belleza.

Estaba recostada sobre una piedra, dejando entrever sus desnudos pechos, entre los largos cabellos de un intenso color negro azabache que adornaba con una diadema, hecha de pequeñas estrellitas de mar, perlas y corales.

Con voz dulce y armoniosa le dijo suavemente:
–Llevo observándote mucho tiempo y sé de tus calamidades. Me llamo Nala y te quiero ayudar, pero con una condición; que te cases conmigo. No inmediatamente, te daré un año para que lo pienses y así puedas comprobar lo feliz que serás a mi lado.
–Acepto siempre que sea verdad que me vas a ayudar como has prometido.
Respondió el hombre.

**CEUTA**

Leyenda de la sirena de Punta Almina

Desde aquel día, el expresidiario no dejó de acudir a la cita con la hermosa sirena, y aquel hermoso lugar, fue testigo de veladas interminables, donde a la luz de la luna, dos jóvenes corazones se entregaban el uno al otro, con una pasión sin freno y plenos de felicidad.

Pasado estos momentos, ella le hacía la entrega de varias monedas de oro y plata. Aquel dinero que la bella sirena Nala entregaba a su amante, poco a poco, fue convirtiendo a Néstor en un ciudadano de los más ricos de Ceuta. Con el poder de su dinero, se fue introduciendo en la sociedad ceutí.

Los que antes le volvían la cara por su pobreza y condición de expresidiario, ahora lo halagaban y querían ser sus amigos.
Fueron pasando los meses y Néstor cada vez más introducido en la alta burguesía y cada vez más rico, le resultaba incómodo visitar diariamente a la bella sirena. Las visitas se hacían cada vez más espaciosas, haciendo prácticas de la mentira para justificar su no asistencia a la cita.

Leyenda de la sirena de Punta Almina

 CEUTA

La verdad es que se sentía mucho más a gusto, junto a una joven señorita de la sociedad local, hasta que al poco tiempo por toda la ciudad, corrió como pólvora la noticia de la boda de Néstor con la señorita ceutí. Aquel ingrato amante, contrajo matrimonio con la noble dama, olvidando a Nala y su promesa.

La bella sirena, recostada en la misma roca donde conoció a su amante, le esperaba inútilmente todos los días. La tristeza fue llenando poco a poco su corazón, Hasta que el día que se cumplía un año del primer encuentro y convencida ya, que su enamorado jamás vendría por ella, se adentró en la soledad del mar, se sumergió en él sin que hasta ahora, nadie la haya vuelto a ver surcar las olas.

Dicen algunos lugareños, que a veces, en los melancólicos días de otoño, al atardecer, en los acantilados que dan al mar, si pones atención, tal vez, escuches algunos lamentos de aquella antigua tristeza, que la brisa del mar hace confundir, al balancear los altos pinos del Hacho. Desde entonces, y en homenaje a la tremenda pasión que se vivió en aquellas rocas y donde se demostró que una vez más la ambición venció al amor, el lugar fue
conocido como LAS PIEDRAS DE LA SIRENA.

ACTIVIDAD

| NOMBRE | APELLIDOS | FECHA: |

DESCRIPCIÓN

- Define que es un ecosistema y da 3 ejemplos.
- ¿Qué diferencias hay entre los factores bióticos y abióticos? Escribe la definición de cada uno y menciona algún ejemplo.
- Indica si las siguientes acciones son positivas o negativas para los ecosistemas. Justifica tu respuesta.
    - Deforestación
    - Creación de áreas naturales protegidas
    - Uso excesivo de pesticidas en la agricultura

DESARROLLA TU RESPUESTA

ACTIVIDAD

NOMBRE APELLIDOS FECHA:

DESARROLLA TU RESPUESTA

ACTIVIDAD

| NOMBRE | APELLIDOS | FECHA: |

DESCRIPCIÓN

Sal al exterior. Explora un parque, tu jardín o cualquier espacio verde cerca de ti. Si no puedes salir, imagina un ecosistema que hayas visto en documentales o fotos (un bosque, un río, el desierto, etc.).

- **Identifica** las partes del ecosistema y elige 3 componentes.
- **Descríbelo**.
- **Dibuja** una pequeña escena donde los componentes que elegiste interactúan entre sí.

ACTIVIDAD

Para Reflexionar: ¿Cómo crees que estos elementos que has escogido dependen unos de otros para sobrevivir?

IDENTIFICA Y DESCRIBE TU ECOSISTEMA

ACTIVIDAD

| NOMBRE | APELLIDOS | FECHA: |

DIBUJA

CLASIFICACIÓN GENERAL DE LAS ROCAS

TEMA 2

CLASIFICACIÓN GENERAL DE LAS ROCAS

Tipo de Roca	Origen y Proceso de Formación	Subcategorías	Ejemplos
Rocas Sedimentarias	Las rocas sedimentarias se forman por **sedimentos compactados y cementados por minerales**. Forman estratos, y pueden contener fósiles.	**Rocas detríticas:** Los sedimentos proceden de la erosión de otras rocas	Conglomerados Areniscas
Rocas Sedimentarias		**Rocas no detríticas:** Los sedimentos proceden de la precipitación de sales minerales en agua	Caliza Yeso
Rocas magmáticas	Proceden de la solidificación del **magma**.	**Rocas plutónicas:** Se forman cuando el magma se enfría y solidifica lentamente dentro de la corteza.	Granito Diorita
Rocas magmáticas		**Rocas volcánicas:** Se forman cuando el magma llega a la superficie y se enfría rápidamente.	Basalto Pumita
Rocas metamórficas	Se forman por la **transformación de una roca** que se somete a condiciones extremas de **presión y temperatura** dentro de la corteza terrestre, sin llegar a fundirse.	**Rocas foliadas:** Sus minerales quedan alineados en capas paralelas	Pizarra Gneis
Rocas metamórficas		**Rocas no foliadas:** De formas homogéneas	Mármol Cuarcita

CLASIFICACIÓN GENERAL DE LAS ROCAS

DEFINICIÓN

Una roca es un **agregado** natural y sólido **de uno o varios minerales o de fragmentos de otras rocas** anteriores. Se pueden clasificar según su proceso de formación en 3 tipos.

ROCAS SEDIMENTARIAS

CALIZA

ARENISCA

ROCAS METAMÓRFICAS

MÁRMOL

PIZZARRA

ROCAS MAGMÁTICAS

BASALTO

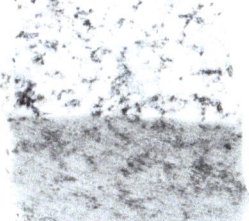
GRANITO

LA CANTERA DEL SARCHAL

 **CEUTA**

Esta histórica cantera benefició el único afloramiento peridotítico existente en Ceuta. Se trata de rocas verdes con el aspecto de piel de serpiente típico de las serpentinitas.
La **peridotita** original se encuentra muy alterada, habiéndose transformado en serpentina en un 80%. No obstante, es posible ver la estructura original en algunos enclaves, donde dominan los cristaales de olivino, piroxenos y espinela.

Este pequeño afloramiento de peridotita debe tener una raíz profunda similar a la de los grandes afloramientos de Ronda. Al igual que en Ronda, los geólogos han descubierto recientemente la presencia de **diamantes** en este afloramiento peridotítico del Sarchal.

LA CANTERA DEL SARCHAL

 **CEUTA**

Estas rocas han sido empleadas para la construcción de los **fosos y murallas** antiguos de Ceuta. También adornan algunos edificios emblemáticos de la ciudad. **La catedral** de la asunción de Ceuta, que se construyó en el siglo XVII, tiene estas preciosas rocas locales.

LA FORTALEZA DEL HACHO

 CEUTA

HISTORIA DE LA FORTIFICACIÓN

Ubicado en el monte Hacho, a unos 190 metros de altura y 800 metros del centro de Ceuta, el castillo tiene un **origen antiguo**, posiblemente **romano o bizantino.** Alcanzó su mayor tamaño durante el período Omeya, durante la conquista árabe, aunque en esa época no había un asentamiento junto al castillo.

Durante la **dominación portuguesa y española**, es probable que el castillo se utilizara como **ciudadela o refugio** en caso de una invasión musulmana del puerto y la ciudad. Sin embargo, con el avance de la artillería, fue más difícil proteger la ciudad desde el monte Hacho.

En 1597, el corregidor de Gibraltar, Íñigo de Arroyo Santisteban, encargó al ingeniero Cristóbal de Rojas una visita a Ceuta para revisar el castillo y reformar el puerto.

LA FORTALEZA DEL HACHO

 **CEUTA**

A mediados del **siglo XVIII**, en 1773, se construyó la fortaleza actual siguiendo el diseño de Juan Caballero. Su plan incluía la edificación de cuarenta torreones, un nuevo cuartel con capacidad para doscientos soldados y un polvorín con espacio para almacenar doscientos quintales.

A principios del siglo XIX, a raíz de la brutal represión llevada a cabo por **Fernando VII «el rey Felón»**, sobre los defensores de la Constitución de 1812 («La Pepa»), se creó el penal de Ceuta donde los castigados a cadena perpetua cumplían su condena, y la Fortaleza se reconvirtió en la **Prisión del Hacho**.

A finales del siglo XIX su población penitenciaria era de 734 presos distribuidos en cinco naves, aunque su capacidad real era para 300 presos.
El Penal de Ceuta se cerró en 1910, aunque se mantuvo un centro de reclusión de presos militares hasta 1979.
El Hacho se ha ampliado desde entonces con recintos para distintos usos según las necesidades de cada momento. Hoy la fortaleza es un **acuartelamiento militar**: Grupo de Artillería de Costa de Ceuta y el Grupo de Artillería Antiaérea VI.

LA FORTALEZA DEL HACHO

 CEUTA

EDIFICACIÓN

El Castillo es una construcción de planta hexagonal que ocupa una superficie de 10 hectáreas. Las murallas que forman la fortaleza contienen seis baluartes para vigilar sus flancos. Construidas en mampostería, dejan en el interior una gran explanada.
Los dos lados con orientación norte describen un ángulo convexo. Los lados con orientación sur se cortan en un ángulo muy abierto.

La fortificación cuenta con 41 torres; 40 estaban previstas en el proyecto de Caballero. Unas cuantas están encastradas en los baluartes, otro torreón está fuera del recinto. Las torres no son cilíndricas: resultan algo más estrechas en el adarve que en la base.

Vistas desde la fortaleza del Monte Hacho

LA FORTALEZA DEL HACHO

DEFINICIÓN

Obra de fortificación que sobresale en el encuentro de dos cortinas o lienzos de muralla y se compone de dos caras que forman ángulo saliente, dos flancos que las unen al muro y una gola de entrada.

BALUARTES

Los cinco Baluartes son:
- Baluarte de la Puerta de Málaga.
- Baluarte de Fuente Cubierta.
- Baluarte de San Antonio.
- Baluarte de San Amaro.
- Baluarte de la Tenaza y su Pastel.

LA FORTALEZA DEL HACHO

PUERTAS PRINCIPALES

- **Puerta de Ceuta**, situada al oeste, protegida por el Baluarte de la Tenaza y su Pastel. Actualmente es una entrada accesoria que solo se habilita durante ciertos horarios.

- **Puerta de Málaga**, situada al este, en el lienzo de muralla situado entre los Baluartes de la Puerta de Málaga y el de Fuente Cubierta. Actualmente constituye la entrada principal y aquí se sitúa el cuerpo de guardia.

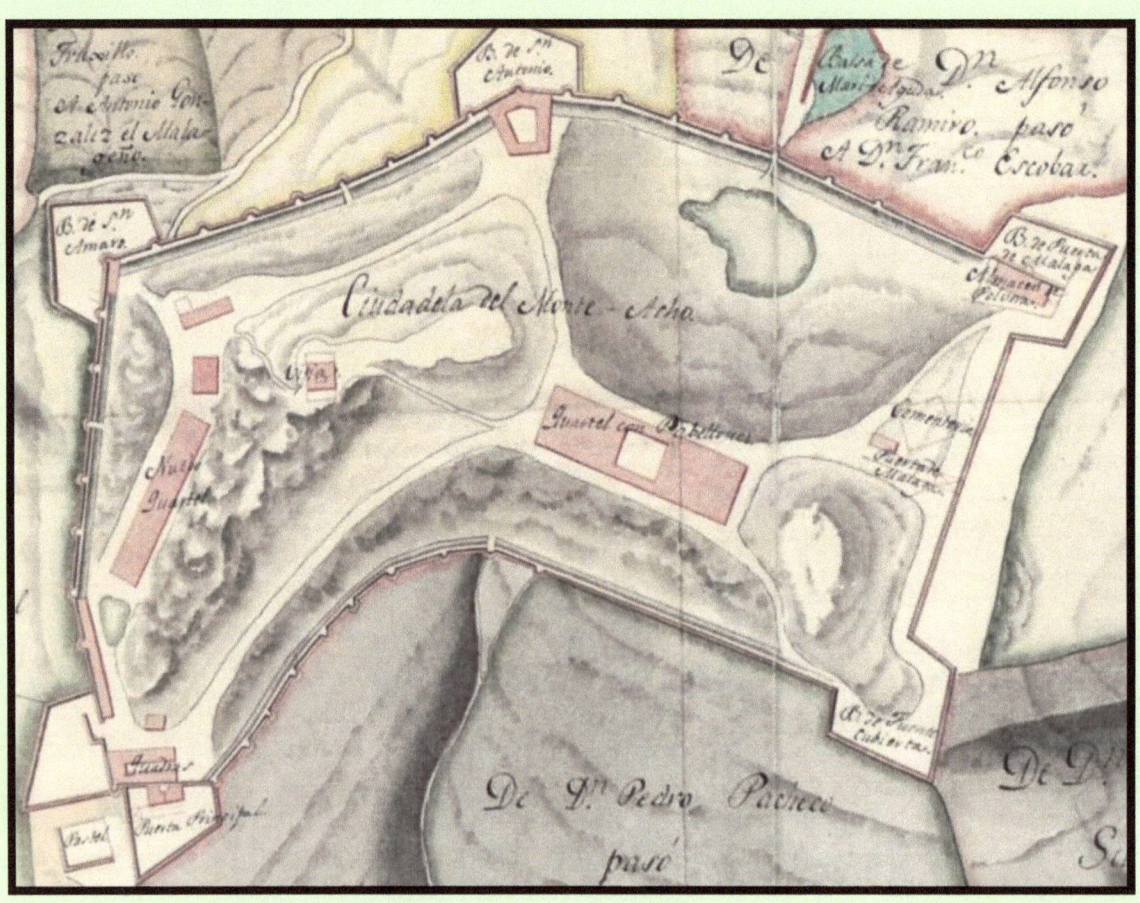

PLANO CIUDADELA MONTE HACHO (1801)

ACTIVIDAD

NOMBRE　　　　APELLIDOS　　　　FECHA:

DESCRIPCIÓN

- Explica la diferencia entre una roca ígnea, una roca sedimentaria y una roca metamórfica, y da un ejemplo de cada tipo

DESARROLLA TU RESPUESTA

ACTIVIDAD

NOMBRE   APELLIDOS   FECHA:

DESARROLLA TU RESPUESTA

ACTIVIDAD

NOMBRE　　　　APELLIDOS　　　　FECHA:

DESCRIPCIÓN

- Explica el origen y los diferentes usos que ha tenido la fortaleza del Hacho a lo largo de la historia.

DESARROLLA TU RESPUESTA

ACTIVIDAD

NOMBRE　　　　　APELLIDOS　　　　　FECHA:

DESARROLLA TU RESPUESTA

CONTAMINACIÓN AMBIENTAL

TEMA 3

IMPACTO AMBIENTAL

Cualquier **alteración** perjudicial o beneficicosa para el **medio ambiente** y que es causada por el ser humano.

IMPACTO POSITIVO

Producen una **mejora** del medio natural. Algunos ejemplos:

- Reforestación
- Eliminación de un vertedero
- Conservación de un área protegida (Parque Natural de Doñana)

IMPACTO NEGATIVO

Producen un **deterioro** del medio ambiente. Por ejemplo:

- Deforestación
- Polución del aire
- Vertidos descontrolados al mar

CONTAMINACIÓN AMBIENTAL

DEFINICIÓN

Es la **alteración** del entorno natural que causa **efectos perjudiciales** en la salud de los seres vivos y degradan la calidad del medio ambiente.

PRINCIPALES CONTAMINANTES

Contaminantes químicos: Productos tóxicos minerales, los ácidos, disolventes orgánicos, detergentes, plásticos, los derivados del petróleo, pesticidas, etc...

Contaminantes biológicos: Pueden provenir del agua, alimentos o aire contaminados como y pueden ser virus, bacterias u hongos.

Contaminantes físicos: Causados por el ruido, el calor, radioactividad, etc...

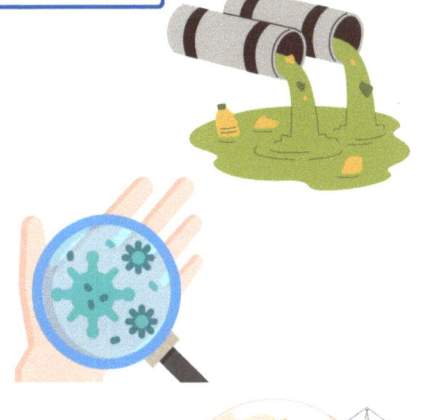

CEUTA

El mar es un ecosistema muy importante en Ceuta. El **tráfico marítimo** y las **actividades portuarias** e **industriales**, que generan gases, polvo y vertidos contaminantes en el agua, la atmósfera y el suelo son aspectos fundamentales a tener en cuenta para la conservación del entorno natural de Ceuta y sus costas.

IMPACTOS NEGATIVOS

Tipos de contaminación

Contaminación de la atmósfera

- Causas
    - Emisiones de industrias y vehículos
    - Actividades humanas (quema de combustibles fósiles)

Contaminación de la hidrosfera

- Causas
    - Vertido de sustancias químicas y residuos
    - Agricultura y ganadería intensivas

Contaminación del suelo

- Causas
    - Vertido de residuos tóxicos
    - Fertilizantes y pesticidas

Contaminación de la biosfera

- Causas
    - Desarrollo agrícola, industrial y urbano
    - Cambio climático
    - Intrducción especies exóticas
    - Sobreexplotación de las especies

PLAYA DE LA RIBERA

CEUTA

Esta playa se encuentra en la calle Independencia, en pleno casco urbano de Ceuta. Tiene una longitud de 700 metros y un ancho medio de 70 metros. Tiene una amplia acera adosada a las murallas, está dotada de todos los servicios (duchas, sombrillas, papeleras, socorrista, acceso de minusválidos y chiringuito) y cuenta con la Bandera Azul de la CEE.

Fue regenerada en 2006 con 175.000 metros cúbicos de arena blanca y fina, con objeto de aumentar su superficie y potenciar su uso lúdico. Se construyeron dos espigones en los extremos de la playa.

Se ha rehabilitado la zona de Fuente Caballos colindante con la playa de la Ribera para ampliar el disfrute de área costera y se han habilitado dos nuevos accesos, uno de ellos mediante un ascensor y el otro por la **Puerta de Fuente Caballos**, una de las antiguas entradas por las que se accedía desde el mar a la ciudad.

PLAYA DE LA RIBERA

 CEUTA

El espigón de la Ribera se encuentra situado junto a la bahía sur de la ciudad autónoma de Ceuta, formando parte del conjunto monumental de las **Murallas Reales de Ceuta**.

En la época árabe hubo en este lugar una muralla y una torre llamada Bury El-Má (el castillo del agua), ampliado en 1766 para darle más anchura y poder instalar una batería de artillería de costa. Se encontraba unido al **Baluarte de la Coraza Alta** por un lienzo de muralla denominado Coraza Baja, hoy desaparecido.

Se trata de un ancho muro de piedra de casi 100 metros de longitud que se adentra en las aguas de la bahía sur a nivel de la playa de la Ribera.

En este espigón se encuentra actualmente el club Natación Caballa, en cuya fachada puede verse un escudo de piedra con los blasones de la Corona de España y la leyenda: Felipe V, rey de las Españas.

BANDERA AZUL

Para que una playa reciba la Bandera Azul, debe cumplir con los siguientes criterios:

1. **Calidad del agua:** El agua de la playa debe estar limpia y sin contaminación. Se realizan pruebas para asegurarse de que sea segura para nadar.
2. **Seguridad y servicios:** La playa debe contar con socorristas o equipos de primeros auxilios, así como con accesos adecuados para personas con discapacidad. También debe tener servicios como baños y papeleras.
3. **Gestión ambiental:** Es importante que la playa cuide el medio ambiente. Esto incluye que haya información para los visitantes sobre cómo proteger el entorno natural, y que la playa esté bien cuidada, sin basura.
4. **Educación ambiental:** En algunas playas con Bandera Azul, se realizan actividades para enseñar a las personas a cuidar el mar y la naturaleza.

ACTIVIDAD

| NOMBRE | APELLIDOS | FECHA: |

DESCRIPCIÓN

- Define qué es la contaminación y menciona los tipos principales de contaminación.
- identificando si las fuentes de contaminación siguientes son naturales o antropogénicas (provocadas por el ser humano). Justifica tu respuesta.
    - Emanaciones volcánicas
    - Emisiones de gases por fábricas
    - Incendios forestales provocados
    - Contaminación por pesticidas
    - Derrame de petróleo en el océano
    - Radiación solar

DESARROLLA TU RESPUESTA

ACTIVIDAD

NOMBRE　　　　　APELLIDOS　　　　　FECHA:

DESARROLLA TU RESPUESTA

ACTIVIDAD

NOMBRE APELLIDOS FECHA:

DESCRIPCIÓN

- Describe que actividades humanas producen contaminación en el agua.
- Indica los efectos negativos que podrían tener estas actividades en el ecosistema.

DESARROLLA TU RESPUESTA

ACTIVIDAD

NOMBRE APELLIDOS FECHA:

DESARROLLA TU RESPUESTA

CONTAMINACIÓN AMBIENTAL

Describe las consecuencias que puede tener para los seres vivos y el medio ambiente la contaminación en las siguientes zonas. Incluye varios ejemplos.

Biosfera

_____
_____
_____
_____

Atmósfera

_____
_____
_____
_____

Suelo

_____
_____
_____
_____

Hidrosfera

_____
_____
_____
_____

CONTAMINACIÓN AMBIENTAL

Piensa ahora que podrías hacer para preservar unas condiciones ambientales adecuadas en cada área.

Biosfera

Atmósfera

Suelo

Hidrosfera

PRINCIPALES RESIDUOS

TEMA 4

LOS RESIDUOS

Cada vez se producen más residuos debido al desarrollo económico, la superpoblación y el desarrollo tecnológico.

DEFINICIÓN

Cualquier objeto, material o sustancia que se considera un desecho y hay que eliminarlo. Pueden ser sólidos, líquidos o gaseosos.

PRINCIPALES RESIDUOS

Sanitarios

Industriales

Radioactivos

Sólidos urbanos

Agrícolas y ganaderos

¿A DÓNDE PUEDEN IR A PARAR?

 **CEUTA** — Investiga los principales residuos que genera tu ciudad, a dónde van a parar y qué tratamiento se les da.

TIEMPO DE DESCOMPOSICIÓN

- Las botellas de vidrio son los desechos que más tardan en desaparecer, unos 4.000 años, aproximadamente.

- El **cristal es 100% reciclable**, por eso debemos depositarlo en el contenedor correcto.

- Las pilas tardan en degradarse entre 500 y 1.000 años. El mercurio que contienen puede contaminar hasta 6.000 litros de agua.

- Se necesitan 150 años para que una bolsa de plástico se degrade

- Una **botella de plástico** desaparece **1.000 años.**

- Las toallitas húmedas tardan 100 años en degradarse; los bastoncillos, 300 años; y las compresas, entre 200 y 300 años.

- Un mechero tarda 100 años

- ¡Los cubiertos que usamos a diario pueden tardar hasta 400 años!

EL VIAJE DE UNA BOLSA DE PLÁSTICO

SIMULANDO UN MAL USO

Una persona compra una bolsa de plástico en el supermercado.

Esta persona desecha la bolsa de plástico en el contenedor gris en lugar del amarillo. La bolsa termina en un vertedero y por el viento se vuela y acaba en un río próximo.

La bolsa es transportada por el río y desemboca en el mar. Allí se mueve con las corrientes oceánicas.

IMPACTO EN LA VIDA MARINA

Algunos animales marinos como las tortugas pueden **confundir el plástico** con su alimento natural: **las medusas.**

Asfixia o bloqueo digestivo.

FRAGMENTACIÓN EN MICROPLÁSTICOS

Con el tiempo la bolsa se degrada y estos pequeños fragmentos de plástico son ingeridos por animales pequeños como el zooplancton.

48

EL VIAJE DE UNA BOLSA DE PLÁSTICO

VIAJE DE REGRESO A LA CADENA ALIMENTICIA HUMANA

Los **microplásticos** ingeridos por organismos pequeños se **acumulan** a medida que son comidos por animales más grandes.

Peces, mariscos y otros animales marinos consumen estos organismos contaminados y van acumulan mayores concentraciones de microplásticos y toxinas en sus cuerpos.

Los humanos terminamos consumiendo mariscos y pescados contaminados con microplásticos, introduciendo estas partículas en nuestros propios cuerpos.

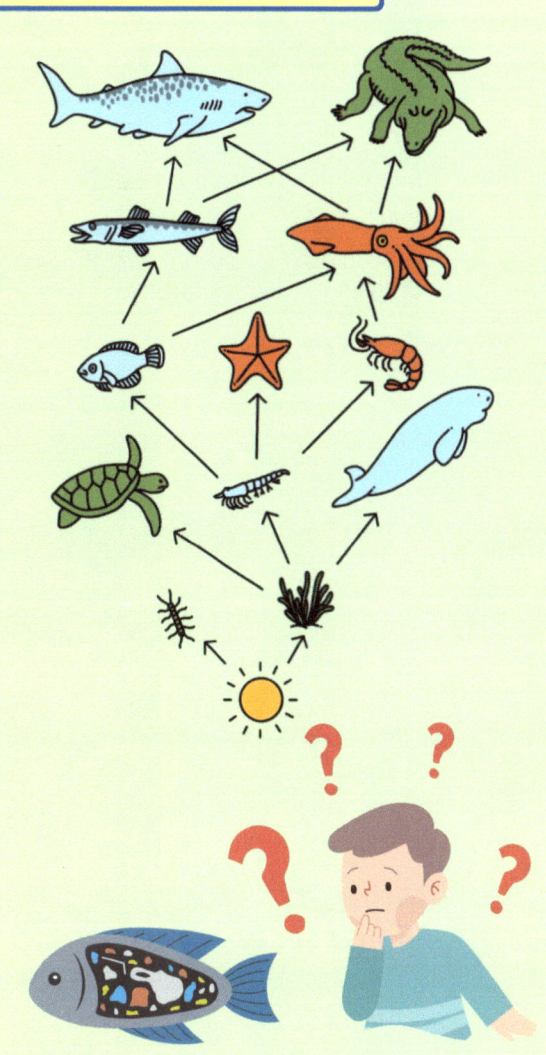

Con un pequeño gesto, reciclando la bolsa de plástico, se hubiera salvado la vida de una tortuga y ayudado a conservar el medio ambiente y la salud de muchas personas.

La isla de basura del océano Pacífico

Es una enorme acumulación de desechos plásticos y otros residuos flotantes que se encuentran en el Océano Pacífico Norte. Esta "isla" no es una masa sólida de basura, sino una zona de alta concentración de microplásticos y basura flotante que se mantiene unida por las corrientes oceánicas. Se estima que su extensión es de 1.6 millones de kilómetros cuadrados, aproximadamente el tamaño de **tres veces la superficie de España**.

APRENDE a Reciclar

PAPEL Y CARTÓN

Coloca papel y cartón en el cubo azul. Recuerda plegar cajas para ahorrar espacio

PLÁSTICO
Deposita envases de plástico en el contenedor amarillo. Asegúrate de enjuagarlos antes de reciclar

VIDRIO

El vidrio va al recipiente verde. Separa botellas y frascos para facilitar el proceso de reciclaje

METALES
Latas de aluminio y otros metales deben ir al contenedor rojo. Limpia los envases antes de reciclar

BASURA GENERAL

Residuos orgánicos, como restos de alimentos, pañales, servilletas usadas, corcho, restos vegetales. Todo esto al contenedor gris

ACTIVIDAD

NOMBRE   APELLIDOS   FECHA:

DESCRIPCIÓN

Explica brevemente en qué consiste el proceso de reciclaje.
Explica qué consecuencias puede tener para el medio ambiente una mala gestión de los residuos.
Menciona al menos dos consecuencias.

DESARROLLA TU PROPUESTA

ACTIVIDAD

NOMBRE APELLIDOS FECHA:

DESARROLLA TU PROPUESTA

ACTIVIDAD

NOMBRE APELLIDOS FECHA:

DESCRIPCIÓN

Imagina que eres responsable de reducir los residuos en tu colegio. Tu tarea es crear un plan de gestión de residuos que incluya soluciones para reciclar, reducir el consumo de materiales y reutilizar objetos escolares.

DIBUJA

Dibuja un mapa o diagrama que muestre dónde colocarías los contenedores y otros recursos en tu colegio para hacerlo más eficiente y sostenible.

DESARROLLA TU PROPUESTA

ACTIVIDAD

NOMBRE　　　　　APELLIDOS　　　　　FECHA:

DIBUJA

ACTIVIDAD

NOMBRE　　　　　APELLIDOS　　　　　FECHA:

DESCRIPCIÓN

Ponte en la mente de un arquitecto. Tienes que diseñar los edificios de una bonita ciudad para una maqueta.
- Describe los materiales que emplearías para la construcción de cada edificio a pequeña escala.
- ¡Solo puedes usar materiales que se puedan reciclar!

DIBUJA

Una nueva vida a los envases.
Diseña la maqueta de una ciudad con envases reciclados. Incluye el ayuntamiento, piscinas municipales, un campo de fútbol o atletismo, un mercado central, edificios históricos, zona de tiendas y zona de viviendas.

DESARROLLA TU PROPUESTA

ACTIVIDAD

NOMBRE APELLIDOS FECHA:

DIBUJA

EL ESTRECHO DE GIBRALTAR

TEMA 5

EL ESTRECHO DE GIBRALTAR

Entre el Atlántico y el Mediterráneo

Tiene unos 60 kilómetros de largo y entre 14 y 44 kilómetros de ancho. Es la **única conexión natural entre el Océano Atlántico y el Mediterráneo**, el Estrecho de Gibraltar es una de las vías navegables más transitadas del mundo. Unos **300 barcos** cruzan el Estrecho **cada día**, aproximadamente uno cada 5 minutos.

Debido a las corrientes especiales también hay una gran **cantidad y variedad de alimento** aquí, que incluso atrae a las ballenas y los delfines.

El punto más estrecho del Estrecho se encuentra frente a Tarifa: desde la ciudad más meridional de Europa continental solo hay 14 kilómetros hasta el Monte Yebel Musa en Marruecos/África. Por lo tanto, **muchas aves migratorias** cruzan el Estrecho en sus viajes entre Europa y África.

EL ESTRECHO DE GIBRALTAR

Un vistazo a los tiempos primitivos

La actual cuenca mediterránea es un remanente del Mar de Tetis, que se originó hace unos 250 millones de años y desapareció gradualmente debido al desplazamiento de las placas continentales. Cuando la placa africana chocó con la asiática hace 15 millones de años, la conexión con el Océano Índico se cortó por primera vez.

Hace unos 6 millones de años, también se cerró la conexión con el Atlántico, el llamado corredor bético, que se encontraba aproximadamente a la altura de la actual ciudad de Málaga. Este choque de las placas continentales, por cierto, originó la formación del Sistema Bético, una cadena montañosa a la que pertenece también Sierra Nevada.

Hace unos 6 millones de años, el Mar **Mediterráneo se secó**. El Mar Mediterráneo estaba entonces completamente separado del océano y se secó con el paso del tiempo (probablemente a lo largo de varias decenas de miles de años) convirtiéndose en un enorme desierto de sal. En los lugares más profundos se depositaron grandes capas de sal con un grosor de hasta tres kilómetros. Esta época se llama la crisis salina del Messiniense.

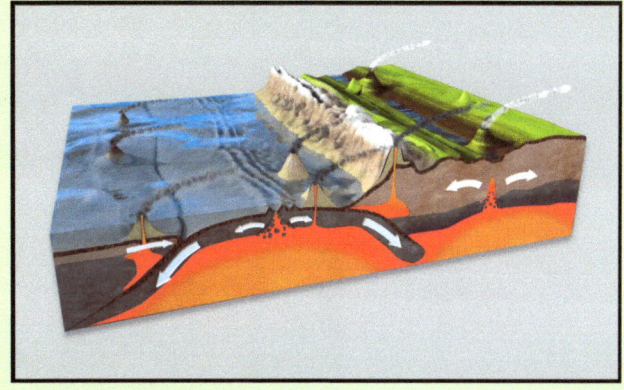

EL ESTRECHO DE GIBRALTAR

Un vistazo a los tiempos primitivos

El Estrecho de Gibraltar pertenecía entonces a una cadena montañosa sin conexión alguna con el mar hasta que, hace unos 5,3 millones de años, el puente terrestre entre Europa y África se hundió ligeramente. El agua volvió a fluir hacia la cuenca mediterránea a través del actual Estrecho de Gibraltar.

Durante varios milenios esto fue solo una pequeña cantidad. Pero el agua perforó cada vez más profundamente en el puente terrestre y con el tiempo fluyeron masas de agua cada vez más grandes, hasta que el nivel del agua en el Mediterráneo llegó a subir, al final probablemente hasta 10 metros por día.

EL ESTRECHO DE GIBRALTAR

El Estrecho de Gibraltar hoy en día

Debido a que todavía se evapora más agua de la que suplen los ríos y las precipitaciones, **el Mediterráneo se secaría de nuevo hoy en día sin la conexión con el Atlántico**. El nivel del agua del Océano Atlántico es aproximadamente 1,5 metros más alto que el del Mar Mediterráneo en su extremo oriental, de modo que alrededor de 1 millón de metros cúbicos de agua por segundo fluyen hacia el Mar Mediterráneo en la superficie, lo que corresponde a un poliedro de agua de 100 metros de longitud de arista.

Debido a su alta salinidad, el agua del Mediterráneo es considerablemente más pesada y por lo tanto se hunde sobre la cuenca mediterránea más profunda, empujando las aguas profundas de vuelta al Atlántico. En las elevaciones submarinas del Umbral de Camarinal en el extremo Oeste del Estrecho, se producen turbulencias que hacen aflorar nutrientes desde las profundidades hasta la superficie.

EL ESTRECHO DE GIBRALTAR

El Estrecho de Gibraltar hoy en día

El **agua rica en nutrientes** junto con la **luz** promueve la formación de plancton vegetal (fitoplancton) - un requisito básico para que se pueda formar la gran oferta alimenticia. Las ballenas y los delfines también se benefician. Así que no es sorprendente que podamos observar regularmente siete especies de ballenas y delfines en el Estrecho a pesar del enorme tráfico marítimo.

Límite de velocidad

Para proteger a las ballenas, el Ministerio de Medio Ambiente español estableció un límite de velocidad de 13 nudos (24 km/h) para el Estrecho en febrero de 2007.

EL ESTRECHO DE GIBRALTAR

El estrecho en la Mitología

El Peñón de Gibraltar y el Monte Yebel Musa en Marruecos son también conocidos como los Pilares de Hércules. Según la mitología griega, **Hércules** cruzó el monte Atlas para robar el ganado de Gerión. Pero con su fuerza sobrehumana partió la montaña por el centro y así creó el Estrecho de Gibraltar. Al final del Mediterráneo, marcó el fin del mundo con la inscripción **NON PLUS ULTRA** (no más allá).

Los Pilares de Hércules, con su inscripción, se introdujeron en el **escudo de España** bajo Carlos I de España y V del imperio alemán. Pero como América ya había sido descubierta, el lema fue cambiado a **PLUS ULTRA** (más allá). Columnas e inscripciones decoran también el actual escudo nacional de España.

ACTIVIDAD

NOMBRE APELLIDOS FECHA:

DESCRIPCIÓN

- ¿Cuál es la distancia aproximada (en kilómetros) que separa España de Marruecos en el punto más estrecho?
- Explica por qué el Estrecho de Gibraltar es considerado una zona de gran importancia estratégica tanto histórica como en la actualidad

DIBUJA

Dibuja un mapa sencillo en el que se vea el Estrecho de Gibraltar, indicando:
- Los dos continentes que conecta (Europa y África).
- Los dos países a ambos lados del estrecho (España y Marruecos).
- El mar Mediterráneo y el océano Atlántico.

DESARROLLA TU PROPUESTA

ACTIVIDAD

NOMBRE APELLIDOS FECHA:

DIBUJA

CETÁCEOS DEL ESTRECHO DE GIBRALTAR

TEMA 6

LOS CETÁCEOS

¿Qué son los cetáceos?

Los cetáceos son un grupo diverso de **mamíferos** marinos que incluye ballenas, delfines, orcas, cachalotes, marsopas, etc... Estos animales han evolucionado durante millones de años, **adaptándose a la vida acuática** con una serie de características anatómicas y fisiológicas únicas. Entre sus adaptaciones más destacadas se encuentran un cuerpo hidrodinámico, aletas en lugar de extremidades, y la capacidad de realizar largas inmersiones gracias a sistemas respiratorios y circulatorios altamente eficientes. A pesar de su vida completamente acuática son animales de **respiración pulmonar**, por lo que deben subir de manera regular a la superficie para respirar.

LOS CETÁCEOS EN EL ESTRECHO

La importancia del Estrecho de Gibraltar

El Estrecho de Gibraltar es un lugar de particular importancia para la biología marina, y específicamente para el estudio de los cetáceos. Este estrecho, que conecta el Mar Mediterráneo con el Océano Atlántico, es una de las **rutas de migración** más importantes para muchas especies de cetáceos debido a su **posición geográfica** estratégica y la alta productividad biológica de sus aguas. Las fuertes corrientes, unidas a la **mezcla de aguas atlánticas y mediterráneas**, crean un **ecosistema rico en nutrientes**, lo que sostiene una abundante vida marina, incluido el plancton y los peces que constituyen la base alimenticia de muchas especies de cetáceos.

Las especies de cetáceos que lo habitan o atraviesan están **sometidas a diversas amenazas**, como las colisiones con barcos, la contaminación por plásticos y la sobrepesca. Las iniciativas de conservación en la región buscan mitigar estos impactos mediante la implementación de áreas marinas protegidas y la regulación del tráfico marítimo.

LOS CETÁCEOS DEL ESTRECHO

En el Estrecho de Gibraltar se pueden observar hasta **siete especies de cetáceos** con asiduidad. Algunas especies son muy activos, otras solo están de paso.

Delfín Común
Tamaño: 2,3 m
Peso: 135 kg
Edad máxima: 40 años
Comida: 10 kg/día
Velocidad: 65 km/h
Tiempo de buceo: 8 min
Profundidad de buceo: 200 m

Delfín Listado
Tamaño: 2,5 m
Peso: 150 kg
Edad máxima: 50 años
Comida: 15 kg/día
Velocidad: 65 km/h
Tiempo de buceo: 10 min
Profundidad de buceo: 200 m

Delfín Mular
Tamaño: 4 m
Peso: 650 kg
Edad máxima: 50 años
Comida: 36 kg/día
Velocidad: 35 km/h
Tiempo de buceo: 20 min
Profundidad de buceo: 300 m

Calderón Común
Tamaño: 7 m
Peso: 3.500 kg
Edad máxima: 60 años
Comida: 27 kg/día
Velocidad: 35 km/h
Tiempo de buceo: 20 min
Profundidad de buceo: 800 m

Orca
Tamaño: 10 m
Peso: 9.000 kg
Edad máxima: 80 años
Comida: 100 kg/día
Velocidad: 55 km/h
Tiempo de buceo: 15 min
Profundidad de buceo: 250 m

Cachalote
Tamaño: 18 m
Peso: 50.000 kg
Edad máxima: 80 años
Comida: 1.500 kg/día
Velocidad: 30 km/h
Tiempo de buceo: 80 min
Profundidad de buceo: 3000 m

Rorcual Común
Tamaño: 22 m
Peso: 80.000 kg
Edad máxima: 100 años
Comida: 2.000 kg/día
Velocidad: 40 km/h
Tiempo de buceo: 15 min
Profundidad de buceo: 450 m

LAS ESPECIES DEL ESTRECHO

Delfín Listado

Identificación

El nombre del Delfín Listado ya nos indica a lo que debemos prestar atención: **las rayas azuladas en su costado**.

El delfín listado también es muy activo y social. Es común ver surfeando las olas de proa de los barcos de carga o realizando **saltos acrobáticos mientras caza**. Sin embargo, tiende a mantener cierta distancia con los barcos de observación. A partir de mediados de julio, es frecuente encontrar grandes grupos de delfines listados, que pueden estar compuestos por varios cientos de individuos. Estos grupos incluyen siempre a crías, que, al nacer, ya miden la mitad del tamaño de un adulto, lo que dificulta distinguir a los bebés a simple vista. La **sociabilidad y la capacidad de formar grandes grupos** son características notables de esta especie, lo que demuestra su compleja estructura social y comportamiento dinámico.

Nombre científico

Stenella coeruleoalba

LAS ESPECIES DEL ESTRECHO

Delfín Común

Identificación

El delfín común se distingue fácilmente por su característico **patrón de color en forma de "8"** lateral: la parte delantera es amarilla y la trasera gris, con un dorso oscuro que forma una "V" bajo la aleta dorsal.

Aunque suelen viajar en grandes grupos, estos delfines tienden a mantenerse a cierta distancia de los barcos. Es la especie de delfín más pequeña que se encuentra en el Estrecho de Gibraltar, con una longitud que varía entre 1,70 y 2,30 metros, aproximadamente la altura de una puerta. A pesar de su tamaño, son increíblemente rápidos, **alcanzando velocidades de hasta 65 km/h**. Además, pueden contener la respiración durante 8 minutos y bucear a profundidades de hasta 200 metros.

Nombre científico: *Delphinus delphis*

LAS ESPECIES DEL ESTRECHO

El delfín común, como sugiere su nombre, suele ser una de las especies más **abundantes**. Sin embargo, hoy en día está altamente amenazado en el Mediterráneo.

Las madres con sus crías tienden a quedarse **cerca de la costa para evitar los tiburones**, pero esta zona también es donde la actividad humana es más intensa. La contaminación por aguas residuales, el tráfico marítimo y la pesca están destruyendo su hábitat y disminuyendo la disponibilidad de alimentos, lo que pone en peligro a esta especie. Su dieta está basada en una amplia gama de peces y cefalópodos. Entre 1.990 y 1.992, los delfines listados del Mediterráneo occidental sufrieron una epidemia vírica que acabó con la vida de más de 1.000 individuos.

LAS ESPECIES DEL ESTRECHO

Delfín mular

Identificación

Se encuentran **en todos los océanos del mundo**, y sus características pueden variar según el entorno en el que viven. La coloración del delfín mular es generalmente gris oscuro en la parte superior, que se desvanece gradualmente hacia un gris más claro en los costados y un blanco en la parte inferior.

En el Estrecho de Gibraltar, estos delfines suelen medir alrededor de 3 metros de largo. Aunque no son los delfines más rápidos, con una velocidad máxima de 35 km/h, pueden bucear hasta **profundidades de 300 metros** y **aguantan la respiración hasta 20 minutos**.

Hábitos de juego: Los delfines mulares disfrutan jugando en el agua, saltando, haciendo acrobacias y surfeando las olas, mostrando un **comportamiento lúdico** único en el reino animal.

Nombre científico: *Tursiops truncatus*

DELFINARIOS

Todavía hoy en día se sigue capturando a muchos ejemplares para pasar el resto de su vida en un delfinario. Muchos no logran soportar el estrés de estar separados de sus familias, el traslado, y la vida en piscinas con agua tratada, que son demasiado pequeñas para sus requerimientos naturales. Su popularidad en estos entornos se debe a su inteligencia, comportamiento social y capacidad para aprender y realizar complejas rutinas de entrenamiento

Habitat del delfín en cautiverio

Delfinario
Delfinario de un acuario con actuaciones

LAS ESPECIES DEL ESTRECHO

Calderón común

Identificación

Son fáciles de reconocer por su característica cabeza redondeada. También se les llama **ballenas piloto**, ya que cada grupo tiene un líder, o "piloto", al que el resto sigue ciegamente, lo que a veces provoca varamientos masivos.

A pesar de pertenecer a la familia de los delfines, su tamaño es impresionante, alcanzando **entre 4 y 7 metros** de longitud. Estos cetáceos son capaces de sumergirse hasta 800 metros de profundidad y pueden aguantar la respiración durante 20 minutos.

Aunque pueden nadar a una velocidad de hasta 35 km/h, normalmente **se mueven con lentitud**, excepto cuando aparecen las orcas en el Estrecho de Gibraltar. En esos casos, los calderones se retiran temporalmente al Mediterráneo.

Nombre científico: *Globicephala melas*

LAS ESPECIES DEL ESTRECHO

Cachalote

Identificación

Mide entre 11 y 18 metros de longitud, es **la mayor de las ballenas con dientes**. En el Estrecho, estos animales emergen entre sus inmersiones para reponer el oxígeno en su sangre. Gracias a que su orificio respiratorio, el espiráculo, se encuentra en la parte frontal izquierda de la cabeza, el chorro de aire que expulsan tiene una inclinación característica, lo que facilita su identificación a distancia.

El Cachalote puede aguantar la respiración durante 80 minutos, bucear hasta 3.000 metros de profundidad y alcanzar 30 km/h. En el pasado, fue cazado por su espermaceti, un aceite valioso para fabricar velas y lubricantes. Entre 1920 y 1960, una compañía ballenera operó en el Estrecho de Gibraltar, lo que afectó a la población del Mediterráneo, que aún no se ha recuperado. Actualmente, las principales amenazas para los Cachalotes son las colisiones con barcos y la contaminación por plásticos. En 2018, un Cachalote varó en España con 29 kg de plástico y basura en su estómago.

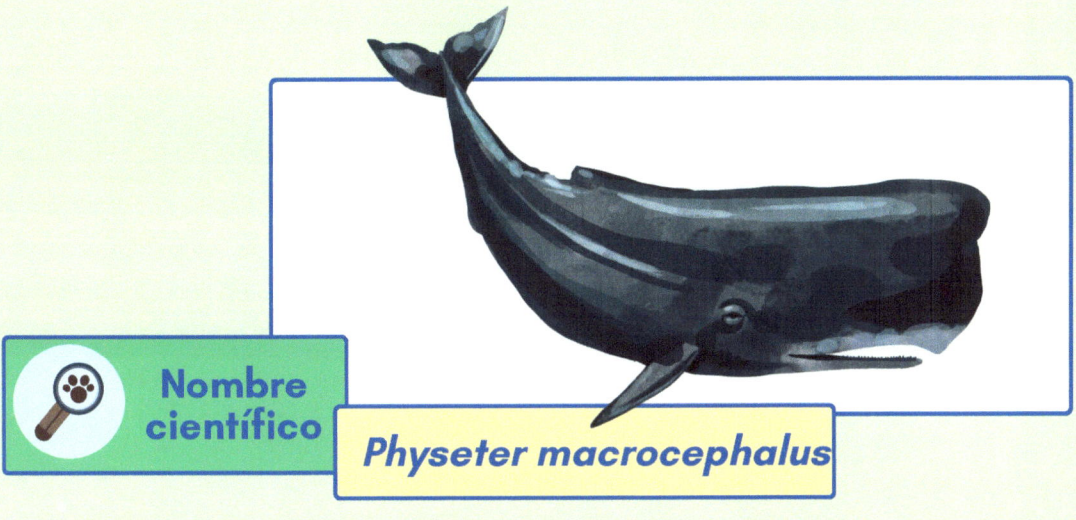

Nombre científico: *Physeter macrocephalus*

LAS ESPECIES DEL ESTRECHO

La orca

Identificación

Las orcas, que pueden medir entre 5,5 y 9,80 metros, son los **cetáceos más grandes de la familia de los delfines**. Su característica más representativa es la aleta dorsal, que puede llegar a medir 1,80 metros. Es muy característico el **color blanco y negro** que cubre su cuerpo que de una forma única identifica a cada individuo

"Ballenas asesinas"

La habilidad de las orcas para cazar presas mucho mayores que ellas mismas, su comportamiento de caza cooperativa y su capacidad para adaptarse a diferentes tipos de hábitats y presas han llevado a esta especie a ser considerada una de los depredadores más formidables y temidos del océano.

Nombre científico

Orcinus orca

LAS ESPECIES DEL ESTRECHO

Curiosidad

Son animales inteligentes que han desarrollado un sistema de comunicación muy complejo.

Las familias suelen ser lideradas por una hembra mayor.
Las orcas del Estrecho de Gibraltar se han especializado en cazar atunes, a pesar de que sus habilidades de buceo, no les permiten competir en velocidad con los atunes, que pueden alcanzar hasta 80 km/h.
Para superar esta desventaja, las orcas han desarrollado una estrategia astuta: se **acercan a los barcos de pesca** y les quitan las capturas, que pueden valer miles de euros. En otras ocasiones las orcas trabajan en equipo para **acorralar y confundir** a los atunes. Estas técnicas proporcionan a las crías de orca una fuente vital de alimento.

LAS ESPECIES DEL ESTRECHO

Rorcual común

Identificación

Puede medir entre 18 y 22 m de largo, el Rorcual Común es el **segundo animal más grande del mundo**. Solo lo supera la Ballena Azul, que puede alcanzar 33 m de largo. Además pesan entre 40 y 50 toneladas.

Un elefante africano adulto pesa entre 4 y 6 toneladas. Un Rorcual Común sería como 10 elefantes en peso.

Un taxi suele medir unos 4 metros de largo. Así que un Rorcual Común de 22 metros sería equivalente a más de cinco taxis alineados uno tras otro.

Nombre científico

Balaenoptera physalus

LAS ESPECIES DEL ESTRECHO

El avistamiento del Rorcual Común es raro, ya que solo unos 90 ejemplares cruzan el Estrecho cada año. Pueden bucear hasta 450 metros y permanecer sumergidos por 15 minutos. Se reconocen por su soplo doble, debido a su **espiráculo doble**. La mayoría pasa el verano en el Atlántico y el invierno en el Mediterráneo, aunque algunos cruzan al Mediterráneo en verano, perteneciendo posiblemente a una población local casi extinguida por la caza. Aunque son rápidos (40 km/h), los primeros balleneros los cazaron masivamente con barcos a motor. **Sus poblaciones descendieron hasta un 70%** por la caza comercial de ballenas en el siglo XX. Finalmente se consiguió una prohibición mundial completa de la caza comercial de ballenas en 1982, que entró en vigor en 1986. Aún así el principal riesgo para estos animales sigue siendo la acción humana.

IDENTIFICA CADA ESPECIE

Nombre: Fecha:

CUESTIONARIO

Un delfín no es un pez. Señala la respuesta correcta:

	PEZ	DELFÍN	AMBOS	NINGUNO
¿Quién tiene aletas?	○	○	○	○
¿Cuál mueve la cola hacia arriba y hacia abajo?	○	○	○	○
¿Cuál puede respirar abajo el agua?	○	○	○	○
¿Cuál es un mamífero marino?	○	○	○	○
¿Cuál tiene escamas?	○	○	○	○
¿Cuál es ovíparo?	○	○	○	○
¿Cuál se ve amenazado por la cantidad de basura que hay en el mar?	○	○	○	○

CETÁCEOS DEL ESTRECHO

Ayuda a la ballena a salir al océano

Indica cuál es la presa favorita de las orcas en el estrecho de Gibraltar:

Rodea la opción correcta:

| Orca | Cachalote | Delfín común |
| Rorcual común | Ballena azul | Delfín mular |

Enuentra 5 animales marinos. Uno no es un cetáceo, ¿Sabes cuál? ¿Por qué?

ORCA

CACHALOTE

DELFÍN

TIBURÓN

RORCUAL

```
S P M I R T A E R T B
C U X O O C A C R O S
A M T C R F U N O Y U
R P I R C S D T A W E
Y K E N U N T L D I M
C A C H A L O T E T U
T N T N L E R Y L C T
S E O D I R S A F H S
O B N F R M I L I O O
T I B U R O N T N R C
G C H I L Y K O O P S
```

87

ACTIVIDAD

NOMBRE **APELLIDOS** **FECHA:**

DESCRIPCIÓN

El delfín mular es la especie más encontrada en delfinarios y acuarios de todo el mundo. Su popularidad en estos entornos se debe a su inteligencia, comportamiento social y capacidad para aprender y realizar complejas rutinas de entrenamiento.

ACTIVIDAD

Escribe tu opinión detallada acerca de los zoológicos y los acuarios. Busca argumentos a favor y en contra de mantener a los animales en estos lugares.

DESARROLLA TU OPINIÓN

ACTIVIDAD

NOMBRE APELLIDOS FECHA:

DESCRIPCIÓN

Explica el comportamiento de las orcas en el Estrecho de Gibraltar y cómo interactúan con su entorno. ¿Qué amenazas enfrentan en esta zona y cómo podríamos protegerlas?

DESARROLLA TU RESPUESTA

ACTIVIDAD

| NOMBRE | APELLIDOS | FECHA: |

DESARROLLA TU RESPUESTA

ACTIVIDAD

NOMBRE APELLIDOS FECHA:

DESCRIPCIÓN

- Describe las características físicas del rocual común y compáralas con las de otros cetáceos.
- ¿Cómo se diferencia en tamaño, velocidad y soplo de otras ballenas?

DESARROLLA TU RESPUESTA

ACTIVIDAD

NOMBRE APELLIDOS FECHA:

DESARROLLA TU RESPUESTA

AVES MIGRATORIAS EN EL ESTRECHO

TEMA 7

LA MIGRACIÓN

DEFINICIÓN

Es un fenómeno biológico de **naturaleza instintiva** que induce al animal a **desplazarse de un habitat a otro** en un determinado momento del año.

FUNCIÓN

Obtener **mejores recursos** o evitar condiciones ambientales adversas.

¿Qué induce a un animal a migrar?

FACTORES INTERNOS
Son los ritmos endógenos, también conocidos como el **reloj biológico interno.** Promueven ciertos cambios fisiológicos que preparan a los animales para el proceso migratorio.

FACTORES EXTERNOS
Son **los cambios ambientales.** Las horas de luz, la temperatura ambiental y la disposición de alimento inducen al animal a migrar.

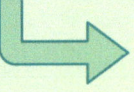

El reloj biológico interno se ajusta y se regula por los estímulos externos.

En las migraciones las especies **recorren cientos o miles de km.**

Aves migratorias en el Estrecho de Gibraltar

¿Por qué usan esta ruta?

Las rutas migratorias de las aves están moldeadas por la necesidad de **evitar largos vuelos sobre el mar**, ya que suponen un gasto energético mayor. Los vuelos sobre el mar implican más aleteo y planeo en comparación con los vuelos sobre la tierra. **El Estrecho de Gibraltar** es el punto terrestre más cercano entre Europa y África. Este estrecho de 14 kilómetros de ancho actúa como un **corredor natural**, permitiendo a las aves cruzar del continente europeo al africano con la menor distancia sobre el mar, lo que minimiza el esfuerzo y riesgo durante el vuelo.

Cigüeña blanca

Longitud: 95-110 cm
Envergadura: 180-218 cm

Abejaruco europeo

Longitud: 27-29 cm
Envergadura: 44-49 cm

Milano negro

Longitud: 55-60 cm
Envergadura: 130-155 cm

 CEUTA

Ceuta sirve como una parada crucial para muchas especies, proporcionando un **área de descanso vital** antes de enfrentar el desafío de cruzar el estrecho.

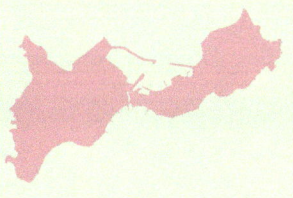

Aves migratorias en el Estrecho de Gibraltar

Cigüeña blanca

Nombre científico: *Ciconia ciconia*

Cigüeña blanca

Información general

Es un ave de gran tamaño y fácil de identificar por su característica envergadura. Su **plumaje** es mayoritariamente **blanco**, con las plumas de vuelo negras. El **pico**, **alargado y afilado**, se distingue por su color rojo o naranja intenso en los adultos, rojo opaco en las aves juveniles, y casi negro en los polluelos. Las patas de los adultos son de un rojo anaranjado fuerte.

En general, la cigüeña blanca es un ave silenciosa, pero puede emitir vocalizaciones ásperas en situaciones de alarma. El sonido más distintivo de esta especie es un castañeteo resonante, llamado "**crotoreo**", que genera al golpear sus mandíbulas y lo usa como saludo hacia su pareja.

Es un ave que **busca al hombre** para asociarse con él. Consigue así **protección y sustento**. Pero esto no siempre fue así; tuvo que adaptarse al cambio en su hábitat debido a la rápida colonización del hombre de muchos lugares. Al principio las poblaciones de cigüeñas se vieron afectadas notablemente, hoy en día se han recuperada de forma asombrosa y son un claro ejemplo de **adaptación a entornos más urbanos**.

Cigüeña blanca

HÁBITAT

Es La cigüeña blanca es un ave que suele habitar en **áreas abiertas y transformadas por la actividad humana**, como pastizales, dehesas, regadíos y zonas húmedas, donde encuentra su alimento. Aunque evita las zonas forestales y montañosas, en los últimos años ha aumentado su presencia cerca de basureros, donde se concentran numerosas parejas reproductoras.

ALIMENTACIÓN

En cuanto a su alimentación, es una especie **oportunista** que consume principalmente artrópodos, como saltamontes y escarabajos, aunque también incluye en su dieta vertebrados como roedores y peces, y en algunas zonas, incluso basura.

REPRODUCCIÓN

Suele anidar en grandes colonias, frecuentemente **en estructuras humanas como iglesias o chimeneas**, construyendo nidos voluminosos que reutilizan durante años. Ambos sexos participan en la construcción y cuidado de los pollos, que alcanzan la independencia en unos tres meses.

Cigüeña blanca

Migración

La cigüeña blanca es un ave migratoria que tradicionalmente solo se encontraba en la Península Ibérica durante la temporada de reproducción.

Sin embargo, en los últimos años, ha habido un **aumento en el número de cigüeñas que permanecen en la región durante el invierno**, incluyendo aves nativas e individuos procedentes de Europa Central.

La Península Ibérica también es un importante corredor migratorio para cigüeñas de países como Dinamarca, Alemania y los Países Bajos, que **cruzan el Estrecho de Gibraltar en su ruta hacia África**.

Las cigüeñas suelen comenzar su migración hacia África a principios de agosto, las centroeuropeas lo hacen un poco más tarde, continuando su viaje a lo largo de la costa africana hasta llegar al África subsahariana, e incluso algunas pueden llegar hasta Sudáfrica.

 ESPAÑA

En 2023, se estima que la población de cigüeñas blancas en España ronda entre **33,000 y 34,000** parejas reproductoras. Este número ha mostrado un crecimiento debido a cambios en los patrones migratorios y la adaptación de las aves a nuevos hábitats, incluidos vertederos, donde encuentran alimento durante todo el año. Esta adaptación ha permitido que un **mayor número de cigüeñas permanezca en la península ibérica durante el invierno en lugar de migrar a África**.

Aves migratorias en el Estrecho de Gibraltar

Milano negro

Nombre científico: *Milvus migrans*

Milano negro

Información general

El milano negro es un **ave rapaz** de tamaño mediano con plumaje oscuro, alas largas, y una cola ligeramente bifurcada.

Los adultos tienen un color oscuro con la cabeza grisácea y marcas rojizas en la parte inferior, mientras que los jóvenes presentan un plumaje más claro con manchas pálidas y un aspecto escamoso en la espalda.

En vuelo, el milano negro es **muy ágil**, aunque no tan elegante como el milano real. Su capacidad de maniobra lo hace efectivo en el aire, aunque su apariencia general es menos estilizada que la de su pariente cercano.

Milano negro

HÁBITAT

Es un ave que se **adapta** a vivir en muchos tipos de lugares, pero le gusta especialmente estar cerca del agua, como lagos, ríos o zonas húmedas. Durante la época en la que cría a sus polluelos, busca áreas con árboles donde pueda hacer su nido. No necesita vivir en bosques grandes, por lo que también se le puede encontrar en pequeños grupos de árboles, bosques abiertos y zonas con dehesas.

Alimentación

El milano negro es un ave que come una gran variedad de presas, desde pequeños roedores hasta insectos grandes, aunque suele preferir **presas fáciles de capturar**, como animales jóvenes o enfermos. Es conocido por ser carroñero, alimentándose de animales muertos que encuentra en basureros, granjas y carreteras. Además, a menudo roba comida a otros animales, e incluso a otros milanos.

Milano negro

Reproducción

Macho y hembra vuelan juntos y emiten sonidos para reforzar su vínculo. El macho arregla el nido usando palos y materiales coloridos como plásticos y papeles. La **hembra** pone de uno a cinco huevos, que **incubará sola** mientras que **el macho la alimenta y protege el territorio**. Los polluelos empiezan a volar después de unas seis semanas, pero permanecen cerca del nido por un tiempo. Aunque pueden criar solos, es común que lo hagan en colonias cercanas a otras parejas.

Curiosidades

Hay que cuidar cada una de las zonas que habitan las aves migratorias, ya que al no habitar en un solo área concreta, cualquiera de las zonas que transitan es crucial para su conservación. **Las aves migratorias no tienen fronteras.**

Reproducción cooperativa: A veces, los milanos negros forman pequeñas colonias de cría, donde varias parejas construyen sus nidos cerca unos de otros, lo que les ayuda a defenderse de posibles depredadores.

El milano negro es una especie común y ampliamente distribuida. Se ha determinado que **no se encuentra en peligro** ni en las categorías de mayor riesgo de extinción.

Milano negro

Migración

El milano negro es un ave que vuela aprovechando **corrientes de aire caliente** para ahorrar energía. Durante su migración, pasan por el Estrecho de Gibraltar porque allí la distancia de mar a recorrer es menor. Esto les facilita el cruce, ya que sobre el agua es más difícil encontrar esas corrientes de aire que les ayudan a volar. En la imagen se observa como todas las rutas migratorias de este ave confluyen por el Estrecho.

Las rutas migratorias de los milanos negros marcados con GPS en Andalucía. Fuente: Migra 2022. Imagen tomada por SEO/BirdLife y la Fundación Iberdrola España.

Aves migratorias en el Estrecho de Gibraltar

Abejaruco europeo

Nombre científico: *Merops apiaster*

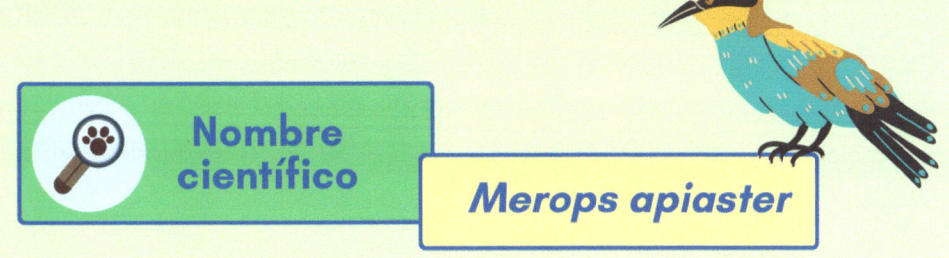

Abejaruco europeo

¿Cómo es?

Es un ave de tamaño mediano conocida por su **plumaje vibrante** y **colorido**. Es una de las aves más vistosas de Europa, con colores que incluyen verde, azul, amarillo y marrón.

INFORMACIÓN GENERAL

Identificación: Tiene un pico largo y curvado, junto con una cola alargada, coloración muy llamativa, apariencia elegante.

Sociables: Los abejarucos son aves sociales y a menudo se les ve en grupos, especialmente durante la migración.

Canto: Emite de manera persistente un pi-pi-pi-prruut. Normalmente canta en vuelo y puede escucharse a lejanas distancias.

 ESPAÑA

Es una ave migratoria que no está presente todo el año en nuestro país. Estos son los meses en los que se puede ver la especie en España:
Abril, Mayo Junio, Julio, Agosto, Septiembre

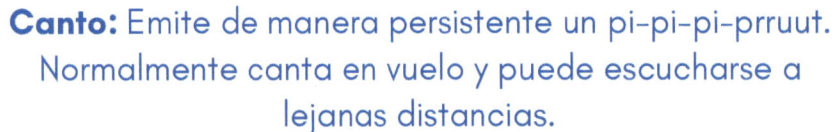

Abejaruco europeo

HÁBITAT

Prefiere áreas abiertas, como praderas, campos agrícolas y zonas semiáridas, donde hay **abundancia de insectos** para cazar.

La población reproductora europea se estima sobre unos 9.000.000 de ejemplares maduros, considerándose una cifra estable.

ESPAÑA

Se distribuye casi por toda la Península, aunque es menos común en Galicia, la región cantábrica y los Pirineos. Sin embargo, está empezando a colonizar algunas de esas áreas. Esta expansión parece estar relacionada con los efectos del cambio climático.

EN EL MUNDO

El abejaruco europeo se encuentra en la región templada, abarcando desde la Península Ibérica y el norte de África hasta el centro y sudoeste de Asia. También se puede observar en el sur de África.

ALIMENTACIÓN

Su dieta se basa en **insectos que atrapa al vuelo**. Se alimenta principalmente de insectos voladores, con una especial predilección por las abejas, avispas, y libélulas.

Abejaruco europeo

EFECTO POSITIVO ✓

Al alimentarse de abejas, avispas y otros insectos, el abejaruco ayuda a mantener el equilibrio ecológico, reduciendo la cantidad de plagas que pueden afectar cultivos y otros ecosistemas. También **se alimenta de la avispa asiática** (*Vespa velutina*), una especie invasora que es conocida por su devastador impacto en las poblaciones de abejas melíferas. La avispa asiática es un depredador agresivo que ataca colmenas, lo que ha generado preocupación entre apicultores y ecologistas debido a la amenaza que representa para la producción de miel y la polinización. Al incluir a la avispa asiática en su dieta, el abejaruco europeo actúa como un aliado natural en la lucha contra esta especie invasora.

EFECTO NEGATIVO ✗

Debido a su preferencia por las abejas como parte de su dieta, a menudo se convierte en un problema para los apicultores. Estas aves visitan frecuentemente las colmenas en busca de alimento, lo que puede reducir las poblaciones de abejas y **afectar la producción de miel**. Esta interacción genera un conflicto, ya que los abejarucos, aunque son importantes para el equilibrio ecológico, también representan una amenaza para las actividades apícolas. Como resultado, los apicultores a veces ven a estos cazadores como una fuente de preocupación.

Abejaruco europeo

REPRODUCCIÓN

El abejaruco europeo inicia el cortejo en abril, con los machos mostrando sus habilidades a las hembras al capturar insectos. Para construir el nido ambos padres excavan una galería de hasta dos metros de longitud, lo que puede tardar entre 10 y 14 días. En mayo, la hembra pone seis o siete huevos que **ambos progenitores incuban**, y los pollos nacen en junio, con su supervivencia dependiendo de la disponibilidad de alimento.

CURISOIDAD

El abejaruco es conocido por su vuelo ágil y acrobático. Puede realizar maniobras espectaculares en el aire mientras persigue a sus presas, demostrando una gran destreza y velocidad.

Aves en Ceuta

PERDIZ MORUNA

Longitud: 32-34 cm
Envergadura: 46-49 cm

La perdiz moruna es una ave terrestre de tamaño medio y cuerpo robusto, parecida a la perdiz roja pero con colores más tenues y una cabeza de tonalidades oscuras. Es nativa del norte de África, donde se encuentra desde Marruecos hasta Libia, viviendo en llanuras costeras, semidesiertos y áreas montañosas del Atlas. Además, se puede encontrar en algunas islas del Mediterráneo como Cerdeña y en España solo de manera natural en Ceuta y Melilla.

PARDELA CENICIENTA

Longitud: 45-56 cm
Envergadura: 120-125 cm

La pardela cenicienta es una de las aves marinas más grandes de Europa. Esta especie, que pasa casi toda su vida en el mar abierto, solo se acerca a tierra para reproducirse y criar.
Fuera de la época de reproducción, la especie también puede observarse en otros lugares costeros, sobre todo en el estrecho de Gibraltar, por donde pasa prácticamente la totalidad de la población en sus migraciones hasta aguas pelágicas frente a las costas de África occidental.

ACTIVIDAD

NOMBRE   APELLIDOS   FECHA:

DESCRIPCIÓN

La migración supone un coste energético enorme, aún así es beneficiosa para muchas especies. Las aves hacen grandes migraciones, pero también insectos como la mariposa monarca o mamíferos como los ñus y las ballenas.

ACTIVIDAD

¿Sabrías decir los beneficios y los costes que tiene para un animal migrar? Usa varios ejemplos.

BENEFICIOS	

ACTIVIDAD

NOMBRE　　　　　APELLIDOS　　　　　FECHA:

COSTES	

Nombre: Fecha:

CUESTIONARIO

Aves migratorias. Señala la respuesta correcta:

A. MILANO NEGRO B. CIGÜEÑA BLANCA C. ABEJARUCO

	A	B	C	TODAS
¿Qué ave migra hacia África?	○	○	○	○
¿Cuál de estas aves caza insectos en vuelo?	○	○	○	○
Utiliza corrientes de aire caliente para planear durante largos trayectos	○	○	○	○
Suele construir nidos en árboles altos o estructuras hechas por el hombre	○	○	○	○
Su nombre científico es *Merops apiaster*	○	○	○	○
¿Cuál es ovípara?	○	○	○	○
¿Cuál de estas aves tiene una envergadura de alas más grande, llegando hasta los 2 metros?	○	○	○	○

ACTIVIDAD

NOMBRE **APELLIDOS** **FECHA:**

DESCRIPCIÓN

Muchas rutas migratorias cruzan el Estrecho de Gibraltar.

ACTIVIDAD

Imagina que eres un milano negro en medio de su migración. Describe qué rutas tomarías y por qué elegirías esas rutas.

DESARROLLA TU RESPUESTA

ACTIVIDAD

NOMBRE   APELLIDOS   FECHA:

DESARROLLA TU RESPUESTA

ACTIVIDAD

NOMBRE　　　　　　APELLIDOS　　　　　　FECHA:

DESCRIPCIÓN

Una especie invasora es una especie que se introduce en un nuevo hábitat, fuera de su área de distribución natural, donde causa daño al medio ambiente, la economía, o la salud humana. Estas especies suelen competir con las especies nativas, alterando los ecosistemas y, a veces, llevando a la extinción a otras especies locales.

ACTIVIDAD

Ya has conocido a la avispa asiática. ¿Sabrías explicar qué efecto puede tener en un ecosistema como especie invasora?

¿Cómo afecta la migración del abejaruco europeo a su capacidad para controlar la población de avispas asiáticas?

DESARROLLA TU RESPUESTA

ACTIVIDAD

NOMBRE APELLIDOS FECHA:

DESARROLLA TU RESPUESTA

Nombre: Fecha:

FAUNA Y FLORA DE CEUTA

Mira las imágenes y escribe la palabra en el recuadro correcto

Pardela cenicienta	Pino	Salamandra norteafricana	Adelfa tóxica
Mochuelo Europeo	Delfín mular	Palmito	Busardo Moro
Bulbul naranjero	Tortuga boba	Caballa	Mariposa almirante rojo

Copyright

© [2024] [ÁLVARO MARTÍN BORRÁS]. Todos los derechos reservados.

Ninguna parte de este libro puede ser reproducida, almacenada o transmitida en cualquier forma o por cualquier medio, ya sea electrónico, mecánico, de fotocopia, grabación o cualquier otro, sin el permiso previo por escrito del titular de los derechos.

Primera edición: [Septiembre 2024]

Autor [ÁLVARO MARTÍN BORRÁS]

ISBN: [9798338657126]

Diseño de portada: [ÁLVARO MARTÍN BORRÁS]

Publicado por: [Independently published]

www.ingramcontent.com/pod-product-compliance
Lightning Source LLC
Chambersburg PA
CBHW051151220526
45473CB00003B/735